給孩子的國學經典

論語

彩圖拼音版

幼獅文化　編著

U0114703

園丁文化

編者的話

　　研究表明，人在 13 歲之前，記憶力最好，背誦過或閱讀過的文字，都會在腦海留下深刻的印象。在此時多閱讀優秀作品，從書中汲取營養，不僅對身心健康和智力發展大有裨益，而且會使人受益終生。

　　《給孩子的國學經典》系列囊括了中華經典著作。「國學」狹義而言，是指以儒家學術為主的中華文化及學術；廣義而言，則涵蓋了先秦經典、兩漢經學，到唐詩宋詞、明清小説等。這段源遠流長的歲月，誕生了不少珍貴的著作，是我們重要的精神文化遺產。

　　《唐詩三百首》精選了適合兒童朗讀及理解的唐詩。唐詩堪稱中國的瑰寶，雖然詩歌在中國發展已久，但到了唐代才發展至高峯，人才輩出，

百花盛放。書中輯錄了耳熟能詳的唐代詩人作品，音韻和諧、對仗工整，詩歌主題廣泛，羈旅、友情、懷古、政治、田園、戰爭等均有涉及。

《論語》屬於先秦經典，是以春秋時期思想家孔子言行為主的言論彙編，作為儒家重要的經典之一，也是古代君子的行為和道德規範。南宋時，《論語》與《大學》、《中庸》、《孟子》並稱為「四書」，使之在儒家文化中的地位日益提高。當中很多語句歷久彌新，至今仍然影響着中國人的一思一行，一舉一動。

這些國學經典配合精美靈動的圖畫，把內容詮釋得淋漓盡致。在孩子細細品讀的過程中，豐富的知識、高貴的情感、深刻的哲理、審美的趣味悄悄進駐他們的心田，讓他們變得更聰明，也更善於發現世間的美。

目 錄

［學習篇］

「學而時習之，不亦樂乎？」學到了新的知識，時常記得溫習和實踐，難道不愉快嗎？學習是一件快樂而有趣的事情。只要堅持學習，每天都有新的發現，每天都有新的進步，學到的知識越豐富，懂得的道理便越多，能力也會變得越強。

學而時習之
xué ér shí xí zhī

子①曰：「學而時習之，不亦②説③
乎？有朋自遠方來，不亦樂乎？人
不知而不愠④，不亦君子⑤乎？」

字詞注釋

❶ 子：古時候指有學問、有修養的男子，相當於「先生」，本書指的是孔子。❷ 亦：也，也是。❸ 説：同「悦」，高興、快樂。❹ 愠：粵音「搵」，惱怒，生氣。❺ 君子：指具有高尚人格的人。

原文大意

孔子説：「學到了知識並能經常實踐和練習，不也很愉快嗎？有朋友從遠方來，不也令人高興嗎？別人不了解我，我也不生氣，不也可以算得上是一個品德高尚的人嗎？」

親子講讀

做任何事都是熟能生巧的，學習也一樣，需要反複練習和實踐。學過的漢字經常寫一寫，背過的詩歌經常讀一讀，這樣才能讓所學的知識牢固紮根在腦海中。

經典故事　　# 孔子學琴

　　春秋時期，孔子曾經跟隨音樂家師襄學琴。一天，師襄給了他一首曲子，叫他拿去練習。

　　孔子盤腿坐下，興致勃勃地練習起來。他一連練習了十幾天，沒有感到一絲厭倦。

　　師襄見他已經彈得十分流暢，便說：「你可以換首曲子練習了。」

　　孔子搖搖頭說：「我還沒領悟到曲中的形象，還要繼續練。」

　　又過了一段時間，孔子說：「我已經體會到樂曲描繪的形象了。他身材高大，有王者氣概，一定是文王。」

　　師襄聽了大吃一驚，因為這首曲子就叫《文王操》。

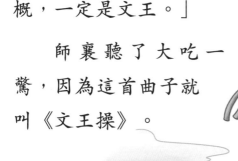

三人行，必有我師

子曰：「三人行，必有我師①焉②。擇③其善者④而從之，其不善者而改之。」

字詞注釋

❶ 師：老師。❷ 焉：語氣詞。❸ 擇：選擇，挑選。❹ 善者：優點，優秀的地方。

原文大意

孔子説：「幾個人結伴而行，其中一定有可以做我老師的人。我選擇他們的優點去學習，以他們的缺點檢查自己，以便改正。」

親子講讀

「三人行必有我師」表達了一種謙虛的學習態度。我們要善於看到別人的長處，並虛心向他們學習；對於別人的缺點和錯誤，要引以為戒，注意不要出現同樣的錯誤。

經典故事

以茶換故事

清朝文學家蒲松齡想寫一部叫《聊齋志異》的書，通過描寫牛鬼蛇神來諷刺欺壓百姓的惡人。為了搜集素材，他在路邊搭了個草棚，供路人休息、喝茶。路人要給茶水錢，他卻說：「我不收錢，您給我講個故事就行。」

路人都覺得這個提議不錯，便把自己知道的各種趣聞怪事講給他聽。

蒲松齡認真地聽着，還不時地做着記錄。就這樣，他不斷地搜集故事，再加上辛勤地創作，最終完成了《聊齋志異》這部傳世之作。

學而不思則罔

子曰：「學而不思則罔①，思而不學則殆②。」

子曰：「溫③故④而知新⑤，可以為⑥師⑦矣。」

字詞注釋

❶ 罔：同「惘」，粵音「網」，迷惑、糊塗。❷ 殆：疑惑、危險。❸ 溫：溫習。❹ 故：指學過的知識。❺ 新：新的見解。❻ 為：做。❼ 師：老師。

原文大意

孔子説：「只讀書而不肯動腦筋思考，就會越學越糊塗；只是一味空想而不認真讀書，就會有越來越多不能理解的地方。」

孔子説：「溫習學過的知識，就會有新的見解和發現，就可以當老師了。」

親子講讀

在聽別人講故事的時候，你有沒有動腦筋想一想：故事裏的小朋友或是小動物們為什麼會這樣做呢？他們的做法對不對呢？平時多動腦，你會變得越來越聰明。

經典故事

沈括看桃花

　　沈括是北宋著名的科學家。小時候，沈括有一次讀到唐代詩人白居易寫的「人間四月芳菲盡，山寺桃花始盛開」詩句時，心裏很疑惑：「為什麼山上的桃花要比山下的開得晚一些呢？」為解開這個謎團，沈括決定爬上山去看個究竟。

　　沈括到了山上才明白，原來山上的氣溫比山下低，因此山上的桃花會開得晚一些。

　　沈括正是憑着這種勤於思考，勇於探索的精神，後來寫出了科學巨著《夢溪筆談》。

知之為知之

子曰：「由①，誨②女③知之乎？知之為知之，不知為不知，是知④也。」

字詞注釋

❶ 由：孔子的學生，姓仲名由，字子路。❷ 誨：教導，教誨。❸ 女：粵音「雨」，同「汝」，你。❹ 知：粵音「智」，通「智」，聰明。

原文大意

孔子說：「仲由，我來教給你對待知道的和不知道的態度。知道就是知道，不知道的就是不知道。這才是明智的人啊！」

親子講讀

不懂裝懂，那麼以前未曾了解的知識就永遠不會懂得，也就不會進步了。所以遇到不明白的問題，應該主動向別人請教，這樣才能學到更多的知識。

經典故事

不懂裝懂

有個北方人很自以為是。他第一次來到南方，朋友請他吃菱角，他帶殼一起放進嘴裏嚼。朋友告訴他，菱角要剝了殼才能吃。而那個北方人卻對朋友說：「我帶殼一起吃是為了清熱，我們那裏的人都這麼吃。」

一天，這個北方人看見街上有人在賣薑，就上前問賣薑人：「一棵樹上面能結多少薑？」周圍的人聽了這句話都樂得哈哈大笑，誰都知道薑是長在地下的。可這個北方人還強辯：「你們笑什麼，我老家有戶鄰居就種着一棵薑樹。」說完，便氣呼呼地自顧自走開了。

敏 而 好 學 ， 不 恥 下 問

子貢問曰：「孔文子①何以謂之『文』也？」子曰：「敏②而好學，不恥下問③，是以謂之『文』也。」

字詞注釋

❶ **孔文子**：衛國大夫，姓孔，名圉。「文」是他的諡號。諡，粵音「嗜」。「諡號」意指君主為去世的前任君主或臣子另起的稱號，「子」是對他的尊稱。❷ **敏**：敏捷，勤勉。❸ **下問**：向地位比自己低或不如自己的人請教。

原文大意

子貢問孔子：「為什麼給孔文子一個『文』的諡號呢？」孔子說：「他聰明又喜歡學習，不以向職位比自己低，或者學問比自己少的人請教為恥，因此可以用『文』字來作為他的諡號。」

親子講讀

當你遇到不明白的問題時，會大膽地請教別人嗎？其實，向別人請教，沒有什麼感覺不好意思的，因為沒有人會取笑勤學好問的人。

孔子不恥下問

經典故事

有一次，大教育家孔子到太廟去祭祖。在祭祀的時候，他遇到了一些不明白的事情，便虛心地向旁人請教。

有人笑話他說：「大家都說孔子學富五車，才思敏捷，可他還跟負責祭祀的小官員請教問題。原來這博學也只不過是徒有虛名罷了。」

孔子的學生們聽了很生氣，想與那人辯駁。

孔子卻不以為然地說：「虛心好學，不懂就問。雖然那些人地位低，但是他們在祭祀上的知識懂得比我多，我應該虛心地向他們請教啊！不僅是我，每個做學問的人都應該有這種虛心求教的想法。」

眾人聽了，都覺得很有道理，對孔子也更加敬佩了。

食 無 求 飽 ， 居 無 求 安

子 曰 ：「 君 子 食 無 求 飽 ， 居 無 求 安 ， 敏① 於 事 而 慎 於 言 ， 就② 有 道③ 而 正④ 焉 ， 可 謂 好 學 也 已 。」

字詞注釋

❶ **敏**：疾速，敏捷。 ❷ **就**：接近，靠近。 ❸ **有道**：指有道德的人。
❹ **正**：匡正，端正。

原文大意

孔子説：「君子吃飯不求飽足，居住不求安逸，做事勤勞敏捷，説話小心謹慎，主動向有道德的人學習，勇於改正自身缺點，這樣可以稱得上是好學了。」

親子講讀

世界上有無數美味的食物、有趣的玩具、漂亮的衣服……每個人都希望擁有它們，但不能過分追求這些物質的東西。因為內在的學識、個人的修養比這些物質上的追求重要得多。

經典故事　# 節儉的季文子

　　季文子是春秋時期魯國著名的外交家，他為官三十多年，一直過得很簡樸，穿衣只求整潔，不求奢華。

　　有個叫仲孫它的人問：「季大人，您官居高位，身分尊貴，卻和家人天天穿粗布衣服。您就不怕朝廷百官說您小氣，就不擔心在其他諸侯面前臉上無光嗎？」

　　季文子回答道：「我們國家還有很多百姓在受凍挨餓，我怎麼忍心自己過奢華的生活呢？為百姓辦事情最重要，炫耀財富反而是不應該的。」

　　仲孫它聽了，羞愧地低下了頭。

學而不厭，誨人不倦

子曰：「默①而識②之，學而不厭③，誨④人不倦⑤，何有⑥於我哉？」

字詞注釋

❶ 默：不出聲，不說話。❷ 識：粵音「至」同「誌」，記住，牢記。
❸ 厭：厭煩。❹ 誨：教導。❺ 倦：倦怠。❻ 何有：有哪些。

原文大意

孔子說：「默默地記住所學的知識，不斷學習永不滿足，耐心地教育別人永不厭倦，這些事情我做到哪些了呢？」

親子講讀

學習是件很有趣味的事情，學寫一個字，學唸一首詩，學做一些家務，學跳一支舞，學唱一首歌……學到的知識越豐富，懂得的道理也越多，自己的能力便會更強，心裏也會更開心。

經典故事　于仲文草屋苦讀

南北朝時西魏有一個小孩叫于仲文，他從小聰明伶俐，而且很好學。五歲時他就能識文認字，吟詠詩歌。

一天，小仲文對父親說：「爹爹，周圍的小伙伴經常來找我玩耍，影響我讀書。您給我蓋一間草屋吧！那樣我就可以在裏面專心讀書了。」草屋蓋好後，小仲文每天都在草屋裏認真讀書，再也沒有人來打擾他。

經過多年勤奮學習和努力讀書，于仲文成為了一位文武雙全的大學者和大將軍，是當時國家的棟梁之材。

終_{zhōng} 日_{rì} 不_{bù} 食_{shí} 以_{yǐ} 思_{sī}

子_{zǐ} 曰_{yuē}：「吾_{wú} 嘗_{cháng}① 終_{zhōng} 日_{rì}② 不_{bù} 食_{shí}③，終_{zhōng}
夜_{yè} 不_{bù} 寢_{qǐn}④，以_{yǐ} 思_{sī}，無_{wú} 益_{yì}⑤，不_{bù} 如_{rú} 學_{xué} 也_{yě}。」

字詞注釋

❶ 嘗：曾經。❷ 終日：從早到晚。❸ 食：吃飯。❹ 寢：睡覺。❺ 益：好處。

原文大意

孔子說：「我曾經整天不吃飯，整夜不睡覺，把自己所有的時間都用來思考，但是毫無益處，還不如去學習。」

親子講讀

經常思考問題當然很好。可是如果一個人只是呆呆的坐在那裏，整日胡思亂想，這沒有什麼好處。無所事事的時候可以去看看書。或者和小伙伴一起去玩耍吧，通過讀書和玩耍都能學到不少的知識呢！

經典故事 **唐汝詢失明學詩**

明代詩人唐汝詢一生寫了一千多首詩，可是很多人都不知道，他是一名盲人。

唐汝詢從小就熱愛學習，三歲起就跟着哥哥讀書認字。可五歲那年，唐汝詢生了一場大病，導致雙目失明。他心裏十分難過，可並沒有放棄學習。他一邊聽哥哥讀書吟詩，一邊設法將這些詩文牢記在心中。為此，他還用粗細不一的繩子打結，用小刀在木板上刻出痕跡，作為記錄文字的符號。

經過多年的努力和積累，唐汝詢終於學會了寫詩，成為了天下聞名的大詩人。

以多問於寡

曾子①曰：「以能②問於不能，以多問於寡；有若無，實若虛，犯而不校③，昔④者吾友嘗從事於斯⑤矣。」

字詞注釋

❶ 曾子：孔子的學生，姓曾名參，字子輿。❷ 能：才能。❸ 校：粵音「較」，意思同「較」，計較，追究。❹ 昔：從前。❺ 斯：這樣。

原文大意

曾子說：「才能多的人向才能少的人請教，學識豐富的人向學問不多的人請教；有學問而謙稱沒學問，知識滿腹也不炫耀；被人冒犯也不計較。從前，我的朋友就曾這樣做過。」

親子講讀

當你學到了很多知識，懂得了很多技能，千萬不要以為自己已經學得足夠多，不需要再努力了。知識的海洋是無邊無際的，沒有人能學完所有的知識。我們只有努力學習，才能不斷進步。

（經典故事）　　# 漁夫改詩

　　一天，孔子去登山觀海景，遇上了大雨。一位路過的老漁夫便帶他到山洞避雨。

　　這個山洞正面對大海，孔子站在洞口看着雨中的海景，忍不住吟誦：「風吹海水千層浪，雨打沙灘萬點坑。」

　　漁夫聽了連連搖頭：「浪層層，坑點點，數也數不清，應該是風吹海水層層浪，雨打沙灘點點坑才對。」

　　孔子聽得心服口服，連聲說：「多謝老先生指點。」

　　可見聖人雖然很有學問，但也不是事事都懂，也要虛心向人請教才行啊！

十有五而志於學

子曰：「吾十有五而志於學，三十而立①，四十而不惑②，五十而知天命③，六十而耳順，七十而從心所欲，不踰④矩⑤。」

字詞注釋

❶ 立：自立，指做事符合禮節。❷ 惑：迷惑。❸ 天命：天道運行的規律，指不能為人力所支配的事情。❹ 踰：粵音「魚」，意同「逾」，超越。❺ 矩：規矩。

原文大意

孔子說：「我十五歲立志研究學問，三十歲能夠自立，四十歲能不為外界事物所迷惑，五十歲懂得了自然規律和法則，六十歲能正確對待各種言論，七十歲做事隨心所欲，因為我的一切言行都不會超出規矩。」

親子講讀

人的一生要經歷各種不同的階段，要學會順應時事，審時度勢。做事、為人都要小心謹慎，踏踏實實。

經典故事

少年立志

秦始皇嬴政從小就有着遠大的志向。有一次，他的父親秦莊襄王問他：「如果有一天你當了國君，要怎麼治理國家呢？」

嬴政回答說：「我要統一天下，讓所有人都聽從我的命令。」

後來，他繼承王位，成了秦國的君主。他認真學習治國安邦的知識，四處招納賢才，勵精圖治，使秦國越來越強大。為了統一全國，他採取了遠交近攻、分化離間的策略，先後消滅了韓、趙、魏、楚、燕、齊等六國，建立了中國歷史上第一個大一統王朝，實現了他少年時的理想。

不遷怒，不貳過

哀公問：「弟子孰為好學？」

孔子對曰：「有顏回者好學，不遷怒①，不貳過②。不幸短命死矣！今也則亡③，未聞好學者也。」

字詞注釋

❶ 遷怒：把怒氣發泄到不相干的人身上。　❷ 貳過：「貳」是重複、一再的意思，這裏説犯同樣的錯誤。　❸ 亡：通「無」，沒有。

原文大意

魯哀公問：「你的學生中誰是最好學的？」孔子説：「我有個弟子叫顏回，他最愛學習，不會把怒氣發泄到不相干的人身上，也不會犯同樣的錯誤。可惜他短命死去了！現在就沒有這樣的人了，我再也沒有聽説過愛好學習的人了。」

親子講讀

我們生氣時，不能把怒氣發泄到別人身上，讓對方為你受氣；做錯了事情要吸取教訓，盡量不要再犯同樣的錯誤。

王羲之學書法

經典故事

王羲之從小酷愛書法。每次他認真練習時，全身心都投入到書法中，連吃飯都忘了。

一天，王羲之又在專心練習。母親心疼他，送來了他最愛吃的蒜泥和饅頭，催他吃飯。

王羲之頭都沒抬，伸手抓起一個饅頭便往墨汁裏蘸，母親連忙制止他。原來他吃饅頭的時候，眼睛都沒有離開紙筆，腦子裏也在琢磨怎樣把字寫得更漂亮，結果錯把墨汁當作蒜泥了。

正是憑着這種認真的精神，經過長期的磨練，王羲之終於寫出了一種飄逸自如、雄健有力的新字體，成為了一名傑出的書法家，得到世人的敬仰。

雖多，亦奚以為

子曰：「誦詩三百，授之以政，不達①；使於四方，不能專對②；雖多，亦奚③以為？」

字詞注釋

❶ 達：通達，會處理，善於運用。❷ 專對：在外交事務中隨機應變，獨立行事。❸ 奚：粵音「兮」。意指相當於「何」，「什麼」。

原文大意

孔子説：「一個人熟讀了《詩經》三百篇，讓他獨立處理政務，卻不能處理好；派他出使其他國家，卻不能隨機應變，獨立行事。這樣的人，書讀的再多，又有什麼用呢？」

親子講讀

從書本中學到知識後，還要能夠運用到實際生活中去，讓知識發揮作用。只會讀書，其他什麼都不會做的人，即使讀再多的書，也只是個無用的「書呆子」。

按圖索驥

春秋時期，有個叫孫陽的人，他善於鑒別馬的好壞，常常被人請去識馬、選馬。久而久之，人們都稱他為伯樂，因為在傳說中，掌管天馬的神仙就叫伯樂。

後來，為了讓更多的人學習怎樣相馬，使千里馬不被埋沒，也為了讓自己的一身絕技不至於失傳，孫陽把多年來積累的相馬經驗和知識寫成了一本書，起名《相馬經》。方便人們「按圖索驥」對照千里馬的身體特點，尋找身邊的好馬。

孫陽的兒子想學習相馬的本領，希望能變得和父親一樣屬

害，每天捧着《相馬經》研讀。過了一段時間，他認為自己已經學到了父親全部的識馬經驗，就拿着《相馬經》出去找好馬。

書上說，好馬有高高的前額，鼓鼓的眼睛以及四個大蹄子。在路上，孫陽的兒子看見了一隻癩蛤蟆，就高興地說：「哈哈！牠和書上寫的好馬還真是挺像的。雖然蹄子不夠結實，但也算是一匹千里馬！」於是高興地把癩蛤蟆捉回了家。

一到家，他興沖沖地把癩蛤蟆帶到父親面前，說：「父親你看，今天我的運氣真不錯。我一出門就找到了千里馬！牠和《相馬經》上說的樣子差不多，只是蹄子沒有那麼粗壯。」

孫陽一看，哭笑不得：「兒子呀，你找到的這匹馬太喜歡蹦蹦跳跳，恐怕沒辦法好好拉車呢！以後你要記住：完全依照書本，不懂靈活運用，是做不好事情的。」

［行孝篇］

　　「孝弟為仁之本」孝順父母，既是中華民族的傳統美德，也是做人的基本良知和道義。父母給了我們生命，又悉心地照顧、培養我們。父母之恩比天高，比地厚。作為子女，應該孝順父母，送上自己的關心、愛心與理解，回報父母的關愛。讓孝順長存心底，綻放出最美的心靈之花。

入則孝，出則弟

子曰：「弟子入則孝，出①則弟，謹②而信，泛③愛眾，而親仁，行有餘力④，則以學文⑤。」

字詞注釋

❶ 出：指外出拜師學習。❷ 謹：指謹慎、嚴謹。❸ 泛：廣泛。❹ 行有餘力：指有閑暇時間。❺ 學文：學習文化知識。

原文大意

孔子說：「弟了們平日在家要孝順父母，出門在外對待朋友要像對待兄長一樣尊重、友愛，說話做事時要謹慎和守信，對大眾要有博愛之心，親近那些品德高尚的人。做到這些後還有多餘的精力，就去學習文化知識。」

親子講讀

爸爸媽媽撫養我們長大，給予我們無限的愛和關懷。我們要孝順父母，回報他們的關愛。一個懂得孝順父母、尊敬兄長、富有愛心的人，才是品德高尚的人。

緹縈救父

西漢名醫淳于意因為得罪了有權有勢的人，被人誣陷貪污錢財，將被押往京城長安接受殘酷的刑法。他的家人都非常着急，但又無計可施。

淳于意最小的女兒淳于緹縈強忍悲痛，要求陪同父親一起進京，一路侍奉。到達長安後，緹縈冒死攔住皇帝出行的馬車，向皇帝呈上書信，說明父親一事的經過，還說：「我願意做奴婢，代替父親贖去這次刑罰。」

皇帝十分感動，不僅赦免了淳于意，還下令廢除了相關的酷刑。

孝弟為仁愛之本

xiào tì wéi rén ài zhī běn

yǒu zǐ yuē　　　qí wéi rén yě xiào tì
有子①曰：「其為人也孝弟②，

ér hào fàn shàng zhě　　xiǎn yǐ　　bù hào fàn shàng
而好犯上者，鮮③矣；不好犯上，

ér hào zuò luàn zhě　　wèi zhī yǒu yě
而好作亂者，未之有也。」

字詞注釋

❶ 有子：孔子的學生，姓有名若，字子有。 ❷ 孝弟：孝，指的是盡心奉養和孝順父母；弟，粵音「悌」，同「悌」，指尊敬愛護兄弟姊妹。孝和悌是儒家特別提倡的基本道德規範。❸ 鮮：很少。

原文大意

有子說：「一個孝順父母、尊敬愛護兄弟姊妹的人，是不會做出冒犯長輩和上級的事情的。不冒犯長輩和上級，卻喜歡製造衝突的人，這種人從來沒有過。」

親子講讀

一個孝順父母的人，對待朋友會誠實友好，看到別人有困難會主動幫忙，不會故意去欺騙別人。而一個連自己父母都不孝順的人，對別人也不會好。

子路背米

子路是孔子的弟子，他小時候家裏很窮，常年靠吃粗糧野菜度日，生活十分清苦。

有一次，子路的父母想要吃米飯，可家裏一點米也沒有。為了滿足父母的願望，子路決定去親戚家借些米來，於是小小年紀的子路翻山越嶺走了幾十里路，從親戚家背回了一小袋米。

他一進家門，顧不上休息就趕緊淘米煮飯。做好飯後，他連忙盛了兩碗端給父母。看到父母吃着香噴噴的米飯，子路心裏無比安慰，完全忘記了自己一路奔波的疲勞。

父母之年，不可不知

子曰：「父母之年①，不可不知也，一則以②喜③，一則以懼④。」

字詞注釋

❶ 年：年齡，年紀。❷ 以：為。❸ 喜：高興。❹ 懼：擔憂。

原文大意

孔子說：「父母的年齡，做孩子的不能不知道，並且要常常記在心裏。一方面為他們的健康感到高興，一方面又為他們的逐漸衰老感到擔憂。」

親子講讀

你過生日時，爸爸媽媽一定會和你一起慶祝吧。可你知道爸爸媽媽的生日在哪一天嗎？你有沒有給他們送過生日禮物呢？一朵花、一張卡片、一句祝福，或者幫助他們做一些力所能及的家務。對於爸爸媽媽來説都是非常珍貴的禮物呢！

經典故事 **韓伯愈心憂母親**

漢朝時有個叫韓伯愈的人，他的母親對他要求非常嚴格，一旦他做錯了事情，母親就會用手中的拐杖責打他。

一次，母親又拿起手中的拐杖懲罰他，沒想到韓伯愈居然抱着母親大哭起來。原來，以前母親拿拐杖教訓他時，拐杖落在身上他會感覺很痛，那是因為那時候的母親年輕有力氣。而這次母親的拐杖落在他身上的時候，他卻沒有感覺到疼痛，他覺得母親的力氣不如從前了。想到母親的身體狀況變差了，韓伯愈難過得哭了起來。

觀其志，觀其行

子曰：「父在，觀其①志；父沒②，觀其行③；三年④無改於父之道，可謂孝矣。」

字詞注釋

❶ 其：他的，指兒子。 ❷ 沒：同「歿」，去世。 ❸ 行：行為舉止。
❹ 三年：多年，不一定指確實的三年時間。

原文大意

孔子說：「當一個人的父親在世的時候，要觀察他的志向；當他的父親去世後，就要考察他具體的行為了。堅持父親生前的原則多年不變，可以稱他為孝子了。」

親子講讀

我們要學習長輩吃苦耐勞、遵守諾言的美好品德，用父輩的優良傳統完善自己，並發揚光大，這也是孝順的表現。

經典故事

楊香救父

晉朝時，有一個叫楊香的小女孩，她不僅乖巧懂事，還十分勇敢。

有一天，楊香十四歲時，一次跟隨父親到田間工作。忽然一隻猛虎從山上衝下來，將她的父親撲倒，並一口叼住。楊香立刻衝向老虎，用力卡住老虎的脖子，任憑老虎怎麼掙扎都不放手。最後，老虎的力氣用光了，只好扔下她的父親跑掉了，父女倆死裏逃生，激動地抱在一起。

楊香扼虎救父的事跡很快就流傳開來，得到人們的廣泛稱頌。

子游問孝

子游問孝。子曰：「今之孝者，是①謂②能養③。至於犬馬，皆能有養；不敬，何以別④乎⑤？」

字詞注釋

❶ 是：代詞，指孝這件事情。❷ 謂：説。❸ 養：供養，養活。❹ 別：區別。❺ 乎：沒有意思，是語氣助詞相當於「呢」。

原文大意

子游問孔子什麼是孝順。孔子説：「現在許多人認為孝道就是供養父母，讓父母吃飽就行了。然而就算是狗和馬匹，都能得到人們的飼養。如果只是供養父母衣食卻不關心他們，那麼贍養父母和飼養犬馬又有什麼分別呢？」

親子講讀

我們要敬重父母，體會他們的感受。平時放學回家後，不要只顧着自己玩，也要和父母分享一下在學校裏發生過的事情，和他們一起讀書，看電視，共同感受家庭的快樂。

經典故事 老萊子彩衣娛親

春秋時期，楚國有個十分孝順的人，名叫老萊子。他七十多歲時，他的父母已經九十多歲了。

父母看到自己兒子也已經到了頭髮花白的年紀，經常感歎：「我們在這世界上的日子快要到頭了。」

老萊子見父母總是唉聲歎氣，就想了個辦法來逗他們開心。他穿上紅鞋子，戴上花帽子，穿着色彩鮮豔的衣服，手上拿着撥浪鼓，像小孩子一樣蹦蹦跳跳地跟父母撒嬌。

父母看着他可愛又可笑的樣子，開心地笑了起來，也忘記了憂愁。

事父母幾諫

子曰：「事①父母幾②諫③。見志不從，又敬不違④，勞⑤而不怨。」

字詞注釋

❶ 事：侍奉。❷ 幾：輕微，委婉。❸ 諫：勸説，勸阻。❹ 違：冒犯。
❺ 勞：憂愁，煩惱。

原文大意

孔子説：「兒女侍奉父母時，對他們的過錯要委婉地提出建議。如果父母不願意聽從勸告，仍然要恭敬地侍奉他們，不要冒犯。即使心裏擔憂，也不能有所怨恨。」

親子講讀

每個人都有可能做錯事情，爸爸媽媽也是一樣。如果你發現爸爸媽媽做錯了某些事情，一定要幫他們指出來，但千萬不要當眾指責。可以選擇悄悄地提醒他們，記得説話時的語氣要溫和一點，畢竟誰都不願意在大家面前遭受指責啊！

經典故事 **孫元覺智救祖父**

　　春秋時，有個叫孫元覺的孩子，他對長輩非常孝順，但他的父親卻完全相反，不但不孝順自己的老父親，反而覺得他是個累贅，總想把他遺棄掉。

　　一天，孫元覺的父親把祖父裝進一個竹筐裏，準備去深山裏把他丟掉。

　　孫元覺拉着父親，請求他不要這麼做，但父親並不理會。孫元覺又跪下來哭求，父親仍然不聽，他只好哭着跟在後面。

　　到了深山裏，父親將老人放下，什麼都沒說，轉身就要離開。

　　孫元覺心想：「祖父年紀這麼大了，把他獨自留在這裏，就算不被猛獸吃掉，也會凍死或者餓死啊！不行，我一定要把祖父帶回去！」他的腦子飛快地轉着，忽然有了主意。他背起地上的空竹筐，徑直往回走。

父親覺得奇怪，就問他：「你拿它做什麼？」

孫元覺停住腳步，回頭對父親說：「我要把這個竹筐帶回家好好收藏着，將來你老了，我也用它背你到這山裏來。」

父親聽了大吃一驚，問：「兒子啊，你怎麼會說出這種話？」

孫元覺說：「你也是這樣對待你的老父親的呀！我只是在跟父親您學習罷了。」

父親最終改變了主意，將祖父背回了家，從此細心照料，孝順的侍奉他。

〚品德篇〛

　　「人而無信，不知其可」人若不講信用，還有什麼可取之處呢？優良的品德是人內心真正的財富，它能散發無窮的力量，影響自己，並影響別人。品德隱藏在生活習慣中，培養良好的品德，就從誠實守信做起吧！

吾日三省吾身

曾子曰：「吾日三①省②吾身：為人謀而不忠乎？與朋友交而不信乎？傳③不習乎？」

字詞注釋

❶ 三：這裏是一個概數，指多次。❷ 省：粵音「醒」，反省，自我檢查。
❸ 傳：傳授，這裏指的是老師傳授的知識、學問。

原文大意

曾子說：「我每天都會多次反省自己：為別人辦事有沒有盡心竭力？與朋友交往有沒有誠實守信？老師傳授的知識有沒有經常的複習？」

親子講讀

一天過去後，回憶一下這一天自己做的事情：哪些值得做，哪些做得好，哪些做得不好？然後吸取經驗，總結教訓，爭取以後做得更好。這就是自我反省。

經典故事 苟巨伯臨危護友

東漢有位賢士叫苟巨伯，他對朋友十分忠誠。一天，他去探望一位病危的朋友，不幸遇上土匪搶劫。朋友勸他趕緊離開，他說：「為了自己的性命而不顧朋友間情義的事情，我做不出來。」他堅持留了下來。

土匪衝進房間，看到苟巨伯正在不慌不忙地給朋友餵藥，感到很奇怪，不禁問道：「別人都倉皇逃命去了，你怎麼不逃？你難道不怕死嗎？」

苟巨伯將緣由說了一遍。

土匪首領被他的仗義行為感動，慚愧地帶着手下離開了。

人而無信，不知其可也

子曰：「人而無信①，不知其可也。大車無輗②，小車無軏③，其何④以行之哉？」

字詞注釋

❶ 信：信用。 ❷ 輗：粵音「危」。古代大車上用來固定馬匹與車身之間的工具。 ❸ 軏：粵音「月」，古代小車上用來固定車身的工具。 ❹ 何以：也就是「以何」，憑什麼。

原文大意

孔子說：「如果一個人不講信用，還有什麼可取之處呢？就像車子前面的轅木上沒有用來固定的東西，無論是大車還是小車，怎麼可能安全地行進呢？」

親子講讀

言而有信是中華民族的傳統美德，我們每個人都要講信用，答應別人的事一定要盡力做到。講信用的人才會得到別人的尊重，不講信用的人則會失去別人的信任，朋友們都會遠離他。

經典故事　**商鞅立木為信**

　　商鞅是戰國時期的政治家，為了讓秦國形成守信的風氣，他想了個辦法。在南門城樓前豎起一根長木條，並宣布：「誰能把這根長木條搬運到北門，賞黃金十兩。」

　　那根長木條看起來很輕，就算是小孩子都可以拿得動。因此大家都認為這是騙人的，也沒有人去嘗試。

　　過了很久才有個年輕人走過來，他扛起長木條走到了北門，商鞅馬上當眾給他十兩黃金。

　　這件事情轟動了全國。從此凡是商鞅頒布的政令，大家都堅信不疑了。

君子坦蕩蕩

子曰：「君子坦蕩蕩①，小人長戚戚②。」

子曰：「君子周③而不比，小人比④而不周。」

字詞注釋

❶ 坦蕩蕩：心胸寬廣、開闊。　❷ 長戚戚：經常憂愁、煩惱的樣子。

❸ 周：對人開放、包容。❹ 比：指自我封閉，排斥他人。

原文大意

孔子説：「君子心胸寬廣，小人經常憂愁。」

孔子説：「君子親密團結卻不勾結，小人互相勾結卻不親密團結。」

親子講讀

在學校和小伙伴相處時，大家要互相團結，互相幫助，不能幾個人拉幫結派，排斥別人，這會讓自己不受歡迎，是缺少品德修養的表現。

經典故事　**王質坦然送行**

　　宋朝大臣王質為人正直。有一年，他的朋友范仲淹因得罪朝中權貴而遭人誣陷，被貶到饒州做太守。朝中許多大臣見到范仲淹被貶官，都刻意躲避他，不願意和他來往，怕惹上麻煩。王質卻一點也不在乎，堅持要為范仲淹送行。

　　有人悄悄對王質說：「你和這個罪臣交往，不怕被牽連嗎？皇上可能會懷疑你和他是一伙的啊。」

　　王質聽了，毫無畏色，反而笑着說：「范仲淹是當今的大賢人，能和他成為朋友，是我的幸運啊。」

君子成人之美

子曰：「君子喻①於義②，小人喻於利③。」

子曰：「君子成④人之美，不成人之惡。小人反是⑤。」

字詞注釋

❶ **喻**：明白，懂得。❷ **義**：道德，正義。❸ **利**：利益。❹ **成**：成全，促成。❺ **反是**：與此相反。

原文大意

孔子說：「高尚的人追求的是道義，卑下的人追求的是私利。」

孔子說：「君子會成全別人的好事，而不會幫着別人去做壞事。小人的做法恰好相反。」

親子講讀

幫助別人實現美好的願望是一種君子行為，體現了高尚的品格。聽聽身邊的朋友們都有些什麼願望，如果你能幫助他們實現的話，那就趕快行動吧！在幫助別人的過程中，我們也將獲得內心的快樂。

蘇軾還屋

　　蘇軾是北宋時期著名的文學家。有一次，他在江南買了一座房子，正當他準備搬進去住時，發現房子外面有一位老婆婆正在哭泣。原來老婆婆是這所房子原來的主人。她的兒子背着她偷偷把房子賣掉了。

　　蘇軾很同情老婆婆，決定把房子還給她。

　　老婆婆的兒子知道後，要把賣房的錢還給蘇軾，蘇軾說：「這些錢就留給你奉養母親吧。以後你一定要好好孝順老人家。」

　　老婆婆一家人都感動得熱淚盈眶，對蘇軾再三道謝。

德之不修

子曰：「德①之不修，學之不講，聞義②不能徙③，不善④不能改，是吾憂也。」

字詞注釋

❶ 德：品德。❷ 義：正義的事情。❸ 徙：遷移，改變。這裏指按照道義的準則改變自己的行為。❹ 不善：缺點，錯誤。

原文大意

孔子説：「很多人不修養品德，不鑽研學問，聽到符合道義的事情不能竭力去做，有了缺點和錯誤不能勇於改正，這些都是我擔心的事情。」

親子講讀

人不可能不犯錯誤，重要的是能及時改正。如果自己做錯了事情卻不承認，只會讓自己的錯誤越加嚴重，讓大家對你失去信心。

孫性認錯

東漢時期，酒泉縣太守吳佑是個勤政愛民的清官。他手下的官員們也都奉公執法，從不剝削百姓。

可是有一天，一個叫孫性的小官看到父親穿的破舊，便利用職權私自從老百姓手中收取了一些錢，去給父親買新衣服。

父親知道後，生氣地說：「吳太守這麼清廉，你怎麼能做出這種損壞他名聲的事呢？」

孫性非常慚愧，立刻向吳太守認錯，並將錢如數退還給百姓。

吳太守稱讚他：「你有錯就改，還是一個好官。」

朝 聞 道 ， 夕 死 可 矣

子曰：「朝①聞道②，夕③死可矣。」

子曰：「人無遠慮④，必有近憂⑤。」

字詞注釋

❶ 朝：早上。❷ 聞道：悟得真理。❸ 夕：晚上。❹ 遠慮：長遠的考慮。❺ 憂：憂患。

原文大意

孔子說：「如果早上明白了人生的意義，就是當天晚上死去也值得。」

孔子說：「一個人若沒有長遠的考慮，一定會有眼前的憂患。」

親子講讀

活到老，學到老。人對於知識的追求是永無止境的。我們要不斷學習，不斷接受新事物，才能不斷進步，跟上知識更新的步伐。

黃霸獄中學習

經典故事

　　西漢時期，大臣黃霸和夏侯勝曾遭人誣陷一起被捕入獄。夏侯勝學識淵博，黃霸想拜他為師。夏侯勝説：「我們都成了囚犯，還學什麼呀！」

　　黃霸搖搖頭説：「先生錯了。古人説的：『朝聞道，夕死可矣』現在學也不晚啊！」

　　夏侯勝被他的好學精神打動了，便答應教他。他們一個教得用心，一個學得認真，日子過得很充實。

　　後來兩人被放出獄，又獲重用。夏侯勝被任命為太子的老師，而黃霸一直堅持學習，為官清廉，最後做了丞相。

賢賢易色

子夏①曰：「賢賢②易③色；事④父母，能竭其力；事君，能致其身；與朋友交，言而有信。雖曰未學，吾必謂之學矣。」

字詞注釋

❶ 子夏：孔子的學生，姓卜名商，字子夏。❷ 賢賢：敬重賢人或尊重有品德的人。❸ 易：輕視。❹ 事：為……做事，侍奉。

原文大意

子夏說：「一個人能夠看重品德而不以女色為重，侍奉父母能夠盡心盡力，服待君主能夠獻出自己的生命，和朋友交往則說話誠實講信用。這樣的人，即使沒有接受過專門的教育，我也認為他已經學習過了。」

親子講讀

我們不管做人做事都應該注重內在本質，而不能光學習表象；要處理好與父母、師長、朋友各方面的關係，做一個有良好修養的人。

(經典故事) # 千里赴約

東漢時，山東人范式和河南人張劭都在洛陽讀書，因為志趣相投而成了好朋友。

學業結束後，兩人都準備回自己的家鄉去。臨別時，范式說：「兩年後的中秋節，我一定到你家拜訪。」

約定的日期到了，張劭和家人精心準備了酒菜等候范式。家人猜測說：「也許他早就忘記兩年前的約定了。」

張劭聽了，搖搖頭說：「我很了解范式，他是個講信用的人，他說過要來就一定會來。」

沒過多久，范式果然來了。

里仁為美

子曰：「里仁為美①。擇不處②仁，焉得知③？」

子曰：「人而不仁④，如禮⑤何？人而不仁，如樂何？」

字詞注釋

❶ 里仁為美：與品德高尚的人住在一起，是最好不過的事。❷ 處：居住。❸ 知：同「智」，明智。❹ 仁：仁愛之心。❺ 禮：禮儀。

原文大意

孔子說：「與品德高尚的人住在一起，是最好不過的事。選擇居住的地點並不靠近仁德的人，怎麼算是明智的呢？」

孔子說：「做人沒有仁愛之心，禮儀對他有什麼用呢？做人沒有仁愛之心，即使有很美的音樂舞蹈，又有什麼意義呢？」

親子講讀

我們要真誠待人。有些人幫助了別人，事後卻不停地抱怨，那就顯得不夠真誠。我們要發自內心地去關愛、幫助身邊的人。

朱高熾閱兵

經典故事

明太祖朱元璋有個孫子叫朱高熾。在一個冬天的早晨，朱高熾奉朱元璋之命到宮裏檢閱皇家衛兵，去了很久才回來。

朱元璋等得很不耐煩，生氣地問：「你怎麼現在才回來？」

朱高熾恭敬地回答：「早上天氣很冷，我去時衛兵們正在吃早飯。我就讓他們吃完再列隊接受檢閱，不然飯菜都要冷了。吃冷飯菜對身體不好啊！」

朱元璋聽後轉怒為喜，捋着鬍子說：「好！好！你懂得體恤下情，可見你有一顆仁愛之心。」

見賢思齊

子曰：「躬①自厚而薄責②於人，則遠怨③矣。」

子曰：「見④賢⑤思⑥齊⑦焉，見不賢而內自省⑧也。」

字詞注釋

❶ 躬：自身。❷ 責：責備。❸ 怨：怨恨。❹ 見：遇見，看見。❺ 賢：有賢德的人。❻ 思：想，考慮。❼ 齊：看齊。❽ 省：粵音「醒」；檢查，反省。

原文大意

孔子說：「多尋找自己的不足，少責怪別人，就不會遭人怨恨了。」

孔子說：「遇到品德高尚、有才能的人，就向他看齊。見到沒有修養的人就應該反省自己，看看自己有沒有這方面的缺點。」

親子講讀

好的榜樣可以激勵自己努力向上，壞的事例也同樣有教育意義。看到那些不好的行為，應該檢查自己是否存在同樣的缺點。如果自己也有這些缺點，就要及早改正。

經典故事 魏文侯登門求教

　　戰國時，魏國國君魏文侯很重視人才。他聽說一個叫段干木的人很有才能，就親自去拜訪他。

　　可段干木不願做官，一聽說魏文侯來了，就偷偷地從後門跑掉了。

　　魏文侯知道後不但沒有生氣，反而說：「段干木才智過人，又不熱衷權勢，我怎能不敬重他呢？」

　　段干木聽到這些話後，十分感動，便同意和魏文侯見面。兩人一見如故，共同探討了許多治國、愛民的問題。直到天黑時，他們才依依不捨地道別。

泰而不驕

子曰：「君子泰①而不驕②，小人驕而不泰。」

子曰：「如有周公之才③之美，使④驕且吝⑤，其餘不足觀也已。」

字詞注釋

❶ 泰：安詳泰然。 ❷ 驕：傲慢。 ❸ 才：才能。 ❹ 使：如果。 ❺ 驕且吝：驕傲且吝嗇。

原文大意

孔子說：「品德高尚的君子安詳泰然而不傲慢無禮，小人傲慢無禮而不安詳泰然。」

孔子說：「即使一個人有周公那樣完美的才能，但若驕傲自大又吝嗇小氣，其他方面也就不值得一看了。」

親子講讀

當你獲了獎，或是受到老師的表揚，心裏一定很高興，可千萬別因為高興而驕傲起來。自以為了不起，看不起別人，就會使自己落後。

經典故事 柳公權戒驕成名

柳公權年輕時不但能作詩，書法也寫得很好，遠近聞名，大家都誇獎他。慢慢地，他變得驕傲起來。

有一天，他四處閒逛的時候，看到一個沒有雙臂的老人正坐在地上，用腳夾着毛筆寫字。老人的字如行雲流水般一氣呵成，遒勁有力，寫得好極了。柳公權看了，既慚愧又敬佩。

從此，他把戒驕謹記心中，發奮努力，更加刻苦地鑽研和練習書法，終於成為一代書法大家，名垂千古。

身正不令而行

子曰：「其身①正②，不令而行；其身不正，雖③令不從。」

子曰：「不在其位④，不謀⑤其政。」

字詞注釋

❶ 身：本身。❷ 正：品行端正。 ❸ 雖：雖然，即使。❹ 位：職位。
❺ 謀：考慮。

原文大意

孔子説：「當權者自身品行端正，即使不下命令，百姓也會自覺地去執行；如果當權者本身品行不端正，即使下命令，百姓也不會服從。」

孔子説：「不在那個職位上，就不考慮那個職位上的事情。」

親子講讀

以身作則、品行端正十分重要。試想一下，假如老師要求大家保持環境清潔，自己卻亂丢垃圾，那我們肯定不會聽從他的要求。所以，我們要求別人怎樣做時，自己首先要做到。

經典故事 齊靈公禁止異服

春秋時期，齊國國君齊靈公喜歡看女扮男裝，還命令宮女都穿上男裝。後來，全國各地的女子紛紛仿效，都穿上了男裝。

大臣們勸諫國君説：「女子穿男裝女，看起來不符合身分，會讓人笑話的。」

齊靈公便下令民間女子不准穿男裝，可這種現象並沒有減少。

大臣晏子説：「大王，如果您真的想禁止這種行為，就應該宮廷內外一視同仁，都得禁止。」

齊靈公按照晏子説的去做，讓所有宮女換回女子服飾。不到一個月，齊國再也沒有穿男裝的女子了。

言過其實

子曰：「君子恥①其言而過②其行。」

子曰：「其言之不怍③，則④為之也難。」

字詞注釋

❶ 恥：以……為恥。 ❷ 過：超過，多於。 ❸ 怍：粵音「昨」，慚愧。
❹ 為：做。

原文大意

孔子說：「君子以說出的事情做不到為恥。」

孔子說：「說起話來大言不慚，那麼做起事情來也肯定會很困難。」

親子講讀

俗話說，「光說不練假把勢」。只知道嘴上說說，卻不會腳踏實地去做的人，是不會有什麼成就的。不光能說到，也能用實際行動去做到，這才是值得尊敬的人。

（經典故事） # 商人渡河

從前有個商人，他在過河時船沉了，他掉進了水裏。他看到一個漁夫，急忙喊道：「快救我，我給你一百兩金子。」

漁夫把商人救上岸後，商人卻翻臉不認帳，只給了漁夫十兩金子。

一個月後，商人又在這條河裏翻船了，正巧那個漁夫撐船路過。

商人就像看到救星一般，大聲呼叫：「快救我，我給你三百兩金子！」

漁夫搖搖頭說：「你是個說話不算數的人！我不會再相信你了。」話剛說完，一個大浪撲來，把商人淹沒了。

不知命無以為君子

子曰：「不知命①，無以為君子也；不知禮②，無以立也；不知言③，無以知人也。」

字詞注釋

❶ 命：命運，天命。在這裏是順應自然規律的意思。❷ 禮：禮節。
❸ 言：言論。

原文大意

孔子説：「不懂得順應自然規律，就不能成為君子；不了解禮節和規矩，就無法在社會上立足；不會分辨別人的言論，就無法了解他人。」

親子講讀

注重禮節是中國的優良傳統。我們要做一個講文明、懂禮貌、知禮節的人。比如遇見長輩主動問好，進別人房間前先敲門，人多時耐心排隊等候等等，這都是注重禮節的表現。

經典故事 漢景帝試探周亞夫

漢景帝晚年時想為太子挑選幾位輔政大臣，於是他設計試探丞相周亞夫，想看看他是不是合適的人選。

漢景帝設宴請周亞夫吃飯，給他準備了一大塊肉，卻沒給他筷子。

周亞夫很不高興，回頭對僕人大聲說：「沒有筷子，你讓我怎麼吃肉？趕快給我拿雙筷子來！」為了此事，一直到宴會結束，他都悶悶不樂。

漢景帝心想：「周亞夫連我的不禮貌舉動都不能忍受，又怎麼能包容太子的過失呢？看來他不適合做輔政大臣。」

君子矜而不爭

子曰：「君子矜①而不爭，羣②而不黨③。」

子曰：「君子不以言舉④人，不以人廢⑤言。」

字詞注釋

❶ 矜：粵音「京」，莊重。❷ 羣：合羣。❸ 黨：拉幫結派。❹ 舉：推薦。❺ 廢：不採納。

原文大意

孔子説：「品德高尚的人，態度莊重但不爭執，與人團結但不拉幫結派。」

孔子説：「有德行的人不會因為某人説話動聽就去提拔他，也不會因為某人品性不好就不聽他的好建議。」

親子講讀

對於別人的建議，我們要認真想一想：這個建議是不是合理？是不是對方為了討好自己？分辨清楚後，再決定是否採納。

經典故事　令狐綯舉薦人才

　　唐朝有個宰相叫令狐綯，他為人正直，而且慧眼識英才，為朝廷舉薦了一批優秀的官員，深得皇帝信任和重用。

　　有一次，令狐綯發現了一個叫李遠的詩人。此人雖然名氣不大，但是有真才實學，就推薦他做官。

　　然而皇帝讀了李遠的詩，覺得他是個喜歡喝酒、不務正業的人，於是沒有接受令狐綯的舉薦。

　　令狐綯很明白皇帝的顧慮，但是也不想輕易放棄一個難得的人才，就決定重新考察李遠，看看他到底是一個怎樣的人。

　　經過一段時間的了解，令狐綯再次面見皇帝，說：「微臣經過仔細考察，發現李遠確實有才能。我們不能因為一個人的言辭動聽就提拔他，也不能因為一個人說話不好聽就埋沒人

才啊！」皇帝覺得有道理，就任命李遠為杭州太守。

李遠上任後，勤勉謹慎，表現出色，把杭州治理得井井有條。他通過調查研究，發現杭州由於商賈雲集，人口劇增，不少地方的百姓用水還很困難。於是，他組織人手擇地開鑿水井，大大改善了城市中的供水狀況，贏得了杭州百姓的一致好評。

消息傳到京城，大家都稱讚令狐綯知人善任。令狐綯看到杭州在李遠的治理下越變越好，也感到很欣慰。

[處世篇]

「己所不欲，勿施於人」自己不想要的，不要丟給別人。每個人都不願意被強迫，所以人與人之間應該互相尊重，尊重對方的愛好、習慣和意願。這是最基本的做人道理，無論是與人交往，還是處理事情，都應該做到。

任重而道遠

曾子曰：「士①不可以不弘②毅③，任重而道遠。仁以為己任④，不亦重乎？死而後已⑤，不亦遠乎？」

字詞注釋

❶ 士：指讀書人。❷ 弘：心胸寬廣，開闊。❸ 毅：堅強，剛毅。
❹ 仁以為己任：就是「以仁為己任」，把推行仁愛作為自己的責任。
❺ 已：停止。

原文大意

曾子說：「讀書人不可以心胸不寬廣，意志不堅強，因為他們責任重大，路途遙遠。把實現仁德作為自己的責任，這樣的任務還不重大嗎？奮鬥到死才甘休，這樣的歷程還不遙遠嗎？」

親子講讀

一個人如果有堅強的意志，即使遇到挫折和失敗，也會勇敢地走下去。在哪裏跌倒，就在哪裏爬起來，堅強地去克服困難，戰勝挫折，這樣才能取得成功。

經典故事 孟子以仁為己任

　　戰國時期，年少的孟子讀到孔子的文章，非常欽佩孔子的才學。他想：「雖然孔子已經去世了，但我還是要去他的故鄉魯國求學。」

　　於是，孟子告別家人，來到魯國，去拜訪孔子的徒子徒孫，詢問他們孔子生前的事跡，虛心向他們請教。他四處遊歷，還把自己一路上的所見所聞詳細地記錄下來。

　　就這樣，孟子的學問逐漸增長，並且聲名遠揚，很多年輕人慕名而來，拜他為師。他也像孔子一樣興辦學校，將仁義思想傳授給學生們，培育出了很多能力出眾的人才。

以 德 報 怨

或①曰：「以德②報怨③，何如④？」

子曰：「何以⑤報德？以直報怨，

以德報德。」

字詞注釋

❶ 或：有人。❷ 德：恩惠，恩德。❸ 怨：仇怨，怨恨。❹ 何如：如何，怎麼樣。❺ 何以：用什麼。

原文大意

有人說：「用自己的恩德來回報別人的怨恨，怎麼樣？」孔子說：「那用什麼來回報別人的恩德呢？應該是用公平正直來回報怨恨，用恩德來回報恩德。」

親子講讀

假如別人弄壞了你的物品，首先要適度忍讓，不要去報復。如果這時你也去弄壞對方的東西，只會增加雙方的怨恨。但是如果對方不悔改，那就堅持自己的原則，表示不滿，表明自己的態度。

瓜地的恩怨

春秋時期，梁國和楚國的士兵都在邊境種了西瓜。梁國人很勤快，種的瓜長勢喜人；楚國人很懶惰，種的瓜長不大。於是，楚國人夜裏偷偷去破壞梁國人的瓜地。

梁國人知道後很氣憤，想去楚國的瓜地裏報復。梁王說：「仇怨容易惹禍，我們應該每晚偷偷地去幫楚國人澆灌瓜地才對。」

梁國人便每晚偷偷地去澆灌楚國人的瓜地。漸漸地，楚國人的西瓜也越長越好了。

楚國人知道這件事後十分慚愧，也開始勤勞種瓜了。

己所不欲，勿施於人

子貢問曰：「有一言而可以終身行①之者乎？」

子曰：「其恕②乎！己所不欲③，勿施④於人。」

字詞注釋

❶ 行：指奉行。 ❷ 恕：寬恕待人。 ❸ 欲：想要。 ❹ 施：施加。

原文大意

子貢問道：「有沒有一個字是可以終身奉行的呢？」

孔子回答說：「那就是『恕』這個字吧！自己都不想要的東西，就不要施加給別人。」

親子講讀

有人要求我們做自己不願做的事，我們心裏會不愉快。因此，我們請求別人做事時，先要想想對方是否願意。在日常生活中，我們要尊重別人的愛好和個人習慣，不能強迫別人做不喜歡做的事情。

經典故事

白圭治水

　　戰國時期有個叫白圭的人，他吹噓自己的治水本領比大禹還要強。魏王聽說了這件事，就請他去治水。白圭帶領手下修築堤壩，把洪水引到鄰國，雖然解決了本國的困境，卻使鄰國遭受洪水之災，百姓苦不堪言。

　　孟子指責白圭：「大禹將洪水引向大海，解決了本國的問題，同時也沒有危害別人。你讓洪水流到鄰國，雖然對本國有利，卻損害了鄰國。你怎能和大禹相比？」

　　白圭被說得啞口無言，再也不敢拿自己和大禹相提並論了。

後生可畏

子曰：「後生①可畏②，焉③知來者④之不如今也？四十、五十而無聞焉，斯⑤亦不足畏也已！」

字詞注釋

❶ **後生**：指年輕人。❷ **畏**：畏懼，敬畏。❸ **焉**：怎麼。❹ **來者**：將來的人。❺ **斯**：這，這個。

原文大意

孔子說：「年輕人是值得敬畏的，怎麼知道他們將來就不如現在的人呢？如果一個人到了四十、五十歲還默默無聞，那這個人也就不值得敬畏了。」

親子講讀

長江後浪推前浪，一代更比一代強。年輕人朝氣蓬勃，有的是精力和熱情。只要好好努力，一定會趕上前輩，甚至比前輩更優秀。

經典故事

少年將軍宗慤

南北朝時有個年輕人叫宗慤，他從小就志向遠大，希望將來能為國出力。他每天發奮讀書，勤練武藝。

十四歲那年，他遭遇一夥強盜搶劫。他鎮定自若，拔出佩劍與強盜們搏鬥，打得強盜們沒有還手之力，落荒而逃。

人們稱讚他：「年紀輕輕就如此英勇，真是後生可畏啊！」

後來，宗慤憑着自己的膽識和智慧，為國家打了很多勝仗，立下顯赫的戰功，不到二十歲就當上了將軍，實現了少年時的志向。

富與貴，是人之所欲也

子曰：「富與貴①，是人之所欲也，不以其道得之，不處②也；貧與賤，是人之所惡③也，不以其道得之，不去④也。」

字詞注釋

❶ **富與貴**：錢財與權勢。❷ **處**：享受。❸ **惡**：厭惡、討厭。❹ **去**：擺脫。

原文大意

孔子説：「財富與地位是人人都嚮往的，但如果不是用正當的方式取得，高尚的人是不肯享受的。貧困和卑微是人人都不想要的，如果不能用正當的手法擺脫，品格高尚的人是不會去改變的。」

親子講讀

財富要靠自己的雙手去創造，用辛勤的勞動去換取。在平時的生活中，家長也要幫助小朋友建立正確的金錢觀念。父母可以在給予孩子零用錢的同時，教導孩子如何合理地使用金錢，存儲金錢。

經典故事

孟子收金

　　一天，齊王派人給孟子送來一箱黃金，孟子堅決不收。

　　第二天，薛國大王也派人送來一箱黃金，他卻接受了。

　　學生陳臻看見了，感到奇怪，就問他：「您為什麼兩次的做法不同呢？」

　　孟子回答道：「薛國發生了戰爭，他們無計可施，送來黃金是想讓我幫他們想辦法防禦敵人，所以我收下我應得的報酬。至於齊國，我並沒有為他們做什麼事情，他們送我黃金是想收買我。君子怎麼能被金錢收買呢？」

不患無位
bú huàn wú wèi

zǐ yuē：「bú huàn wú wèi，huàn suǒ yǐ lì。
子曰：「不患①無位，患所以立②。

bú huàn mò jǐ zhī，qiú wéi kě zhī yě
不患莫己知③，求為可知也。」

字詞注釋

❶ 患：擔憂。❷ 立：站得住腳，在社會上有立足之地。❸ 莫己知：不了解自己。

原文大意

孔子説：「不怕沒有職位，只擔心自己沒有勝任職位的才能。不擔心沒有人了解自己，只希望自己成為有真才實學的人。」

親子講讀

金子在哪裏都會發光。只要我們真的有才能，無論在什麼地方，做任何事，都會表現得非常出色。所以，我們應該從小學好各種知識，提高道德修養，努力成為一個德才兼備的人。

經典故事 諸葛亮隱居山林

　　東漢末年，戰亂不斷，許多有才能的人紛紛投奔各個諸侯，想做出一番事業，諸葛亮卻隱居山林。

　　朋友問他：「像你這樣聰明機智又學識淵博的人，怎麼不去做官呢？」

　　諸葛亮搖搖羽毛扇，笑着回答：「不急，賞識我的人自然會來找我。」

　　果然，沒過多久，劉備聽說諸葛亮才學過人，便三次登門拜訪，滿懷誠意地請他出山輔佐自己。

　　諸葛亮出山後，全心全意地輔佐主公，使劉備的力量越來越強大。

聽其言而觀其行

子曰：「始①吾於人也，聽其言而信其行；今吾於人也，聽其言而觀其行。於予②與改是③。」

字詞注釋

❶ 始：起初，開始。❷ 予：宰予，孔子的弟子。❸ 是：這（指對人的態度）。

原文大意

孔子說：「起初我判別一個人，聽了他說的話便相信他的行為；現在我判別一個人，聽了他說的話，還要觀察他的行為。這種轉變，是我經過宰予的事情以後產生的。」

親子講讀

有的人嘴裏說得好聽，做的事情卻完全不同。所以，我們不能光憑對方說的幾句話就相信他，還要觀察他平時的所作所為，再做出判斷。

經典故事　　# 朽木不可雕

　　孔子有個弟子叫宰予。宰予能言善辯，説起話來十分動聽。孔子很喜歡他，認為他是一個勤奮的人，將來一定會很有出息。可是沒過多久，發生了一件事情，孔子因此改變了這種看法。

　　一天，孔子講課時發現宰予不在，便讓一位弟子去查看是怎麼回事。

　　過了一會兒，那位弟子跑回來報告説：「宰予正在房間裏睡覺呢！」

　　孔子聽了，一邊搖頭一邊説：「朽木不可雕也。以前是我看錯了他呀！」

左丘明恥之

子曰：「巧言，令①色，足恭②，左丘明③恥之，丘④亦恥之。匿⑤怨而友其人，左丘明恥之，丘亦恥之。」

字詞注釋

❶ 令：美好。❷ 足恭：十分恭敬。❸ 左丘明：姓左丘，名明，魯國人，相傳是《左傳》的作者。❹ 丘：孔子，名丘，字仲尼，這裏的「丘」是孔子的自稱。❺ 匿：隱藏。

原文大意

孔子說：「花言巧語，一副討好人的臉色，還擺出謙卑恭敬的樣子，左丘明認為這種人可恥，孔丘也認為可恥。心底藏着對某人的怨恨，表面卻要裝作友好的樣子，左丘明認為這種人可恥，孔丘也認為可恥。」

親子講讀

把仇恨埋在心裏，表面上卻表現得親切友好，一定要提防這種不真誠的人啊！同時，我們對待朋友要真誠。朋友成功了，我們要真誠地祝福他；朋友犯錯了，我們要委婉地提醒他。

經典故事

口蜜腹劍

唐朝時有位宰相叫李林甫，他表面十分和善，內心卻很惡毒。為了討皇帝的歡心，他想方設法結交皇帝身邊的寵臣，做一些讓皇帝開心的事情。

這個辦法很有成效，皇帝沒多久就被迷惑了，對他十分信任和寵愛。

李林甫得勢以後，便利用皇帝對自己的信任，除掉了那些他不喜歡的人，很多正直的大臣都慘遭陷害。

朝中的官員們都說：「李大人是個『口有蜜，腹有劍』的人，大家可不能被他的甜言蜜語迷惑了。」

知者樂水，仁者樂山

子曰：「知者①樂水，仁者樂②山；知者動，仁者③靜④；知者樂，仁者壽⑤。」

字詞注釋

❶ **知者**：指有智慧、有知識的人。知，粵音「智」，同「智」。❷ **樂**：喜愛的意思。❸ **仁者**：指有仁愛之心的人。仁，仁愛。❹ **靜**：沉靜，恬靜。❺ **壽**：健康長壽。

原文大意

孔子説：「有智慧的人喜愛水，有仁愛之心的人喜愛山；有智慧的人活躍，有仁愛之心的人恬靜；有智慧的人心情愉快舒暢，有仁愛之心的人健康長壽。」

親子講讀

經常參加戶外活動能使人身體健康，心情愉快。在假期，你可以和家人一起去郊外遊玩；在學校，你可以和伙伴們一起做運動，玩遊戲。這樣既鍛煉了身體，也增進了感情，一定會收穫多多。

經典故事 歐陽修的山水情懷

宋代大文學家歐陽修當官時曾得罪過一些權貴，被貶到滁州當太守。

滁州四面山環水繞，風景秀美。歐陽修處理完公務後，經常會叫上朋友們一起上山遊玩，喝酒賞景。

山上有一座專供遊人休息的亭子，歐陽修給它取名「醉翁亭」。他在亭裏寫下了傳世名篇《醉翁亭記》，其中的「醉翁之意不在酒，在乎山水之間也」更是膾炙人口。從中我們不僅讀到了歐陽修寄情山水的悠閒自在，也感受到了他在山水間與民同樂的情懷。

樂在其中

子曰：「飯①疏食②飲水，曲肱③而枕之④，樂亦在其中矣。不義而富且貴，於我如浮雲。」

字詞注釋

❶ 飯：吃飯，這裏用作動詞。❷ 疏食：粗糧，指的是簡單的食物。
❸ 肱：粵音「轟」，手臂。❹ 枕之：枕在手臂上。之，代詞，這裏指手臂。

原文大意

孔子説：「吃粗糧，喝清水，彎起手臂當枕頭，這種生活也自有樂趣。用不正當的手段得來的富貴，對於我來説，就像是天上的浮雲一樣。」

親子講讀

我們現在的生活比古時候好多了。爸爸媽媽常常把最好的東西留給我們。我們要孝敬父母，不要去互相攀比，不要看到別人有什麼，自己也想要。知足常樂，開心快樂地過好每一天。

不為五斗米折腰

經典故事

陶淵明是東晉時期的著名詩人，很有才華。他在彭澤做縣令時，有一次上級派了一名督郵來視察。

下屬中有個機靈的人，私下對陶淵明說：「聽說這位督郵兇狠貪婪，您應該穿戴整齊，備好禮品去迎接他。」

陶淵明本就對這些仗勢欺人的官吏十分不滿，於是他解下官印，感歎道：「我怎麼可以為了這區區五斗米的官俸，就向那些小人彎腰作揖呢？」

後來，陶淵明棄官回家，過起了清貧卻悠閒自在的隱居生活。

發憤忘食，樂以忘憂

葉公①問孔子於子路，子路不對②。子曰：「女③奚④不曰，其為人也，發憤忘食，樂以忘憂，不知老之將至雲爾⑤。」

字詞注釋

字詞注釋

❶ 葉公：字子高，是葉縣的縣令，世人稱他為葉公。❷ 對：回答。
❸ 女：粵音「雨」。同「汝」你。❹ 奚：粵音「兮」。相當於「何」，
「什麼」。❺ 雲爾：如此而已，爾同「耳」。

原文大意

葉公向子路打聽孔子的為人，子路沒有回答。孔子説：「你為什麼不説：孔子這個人，發憤用功連吃飯都忘了，快樂起來就把一切憂慮都忘了，連自己快要老了都不知道，如此而已。」

親子講讀

孔子勤奮用功，連吃飯都忘了。小朋友正處在身體發育階段，要學習孔子的勤奮，但也要注意按時吃飯。只有及時補充營養，在身體健康的情況下，才能精力充沛地投入學習，學到更多知識。

洛陽紙貴

　　西晉時期，有個叫左思的人長得很醜。他曾經和相貌俊美的潘安一起去洛陽求官，人們都讚揚潘安俊美，嘲笑他又醜又笨。可左思並不理會，暗自用功讀書，遇到不明白的問題就去請教有學問的人。

　　就這樣整整過了十年，左思用功苦讀，甚至連頭髮都白了，背也駝了，但他寫成了著名的《三都賦》。這部作品一出，整座洛陽城的人都為之震驚了。

　　人們紛紛去買他寫的《三都賦》，一時間洛陽的紙價上漲了不少。以前笑話過他的人都十分慚愧。

君子居之，何陋之有

子欲居九夷①。或曰：「陋②，如之何？」子曰：「君子居之，何陋之有！」

字詞注釋

❶ **九夷**：中國古代對於東南地區一些少數民族的通稱。❷ **陋**：落後，文化水平較低。

原文大意

孔了想要搬到九夷去居住。有人說：「那裏非常落後閉塞，怎麼能居住呢？」孔子說：「有道德高尚的人住在那裏，就不閉塞落後了。」

親子講讀

中國有很多偏遠的山區，那裏的孩子學習條件十分艱苦。很多教師自願到那裏去教書，希望用自身微薄的力量去改變山區落後的面貌。他們的無私行為贏得了大家的尊敬，他們是大家學習的榜樣。

陋室宰相

　　寇准是宋朝時期的一位宰相，他為官清廉，生活上崇尚節儉。

　　一次，他在家裏宴請官員。有個官員說：「大人貴為宰相，位高權重，怎麼住這樣又舊又小的房子呢？應該建一座高大華麗的相府，才與您的身分相配啊！」

　　寇准擺擺手說：「建造華麗的相府對於治理國家並沒有好處。作為宰相，我要親身實踐聖賢的道德準則，住在舊房子裏又有什麼關係呢？」

　　官員們聽了，都稱讚他是真正的君子。

逝者如斯夫

子曰：「歲寒，然後知松柏之後凋也！」

子在川①上曰：「逝②者如斯夫③！不舍④晝夜。」

字詞注釋

❶ 川：河流，平地。這裏指河邊的平地。❷ 逝：過去的，消逝的。
❸ 夫：粵音「符」。語氣詞，沒有意義。❹ 舍：停留。

原文大意

孔子說：「到了寒冷的季節，才知道松柏是樹木中最後落葉的。」
孔子在河邊說：「時光的消逝就像這河水一樣啊，日夜不停地向前流去。」

親子講讀

時間溜走了，就不會再回來。我們都無法回到過去，不能把昨天重新過一遍。所以，每個人都應該珍惜屬於自己的時間，珍惜現在，抓緊時間努力學習，認真去做自己想做的事。

經典故事

江泌映月讀書

　　南宋有一個叫江泌的讀書人，他白天要替人幹活，只有晚上才有時間讀書。即使經過一天的勞作，他晚上已經十分疲勞了，也從沒間斷學習。

　　可是他家裏窮，買不起燈油，他只好在院子裏借着月光看書。當月光西斜時，他就搬來梯子靠在牆上，站在梯子上讀。月亮下墜一點，他就踩着梯子往上爬一級。有時他讀累了，會不小心從梯子上摔下來。但他顧不上痛，又立即爬上梯子繼續讀書。

匹夫不可奪志

子曰：「三軍①可奪帥也，匹夫②不可奪志也。」

子曰：「知者不惑，仁者不憂，勇者不懼。」

字詞注釋

❶ 三軍：春秋時期，諸侯大國可以擁有中、上、下三軍或中、左、右三軍，所以用三軍統稱一國的軍隊。 ❷ 匹夫：平民百姓，古代主要指男子。

原文大意

孔子說：「在戰爭中可以俘虜三軍的主帥；但一個男子漢卻不能因被強迫而改變自己的志向。」

孔子說：「聰明的人不被迷惑，仁愛的人不會憂愁，勇敢的人無所畏懼。」

親子講讀

要堅定自己的志向，好好努力，勇敢地去面對一切。你如果有了自己的願望和理想，就堅定不移地朝着目標努力吧！只要堅持，一定會有所收穫。

經典故事　文天祥誓死不降

　　南宋末年，蒙古入侵中原，南宋軍隊不敵，節節敗退。大臣文天祥率軍奮力抗擊蒙古軍隊，勇敢衝殺，終因寡不敵眾被蒙古軍隊俘獲。

　　元朝皇帝忽必烈很欣賞文天祥的勇氣，希望他投降，便勸說：「如果你答應效忠於我，不僅可以重獲自由，還可以做高官。」

　　文天祥大義凜然地說：「人生自古誰無死，留取丹心照汗青。我是大宋的宰相，宋朝滅亡了，我也應該以死殉國。」

　　忽必烈聽了又氣又惱，便下令處死了文天祥。

忠告而善道之
zhōng gào ér shàn dào zhī

子貢問友①。子曰：「忠告而
zǐ gòng wèn yǒu　　　zǐ yuē　　　　zhōng gào ér

善②道之，不可則止，毋③自辱焉。」
shàn dào zhī　　bù kě zé zhǐ　　wú zì rǔ yān

字詞注釋

❶ 友：這裏用作動詞，意思是怎樣對待朋友。❷ 道：同「導」，引導，誘導。❸ 毋：不要。

原文大意

子貢問孔子應該怎樣對待朋友。孔子説：「如果朋友犯了錯，就真心實意地勸告他，恰當地引導他。如果他不聽就應該停止，不要自取其辱。」

親子講讀

朋友犯了錯，我們要善意地指出來，並想辦法讓他明白錯在哪裏。可以講個故事，讓朋友知錯能改；還可以説一説自己的親身經歷，告訴朋友不改正錯誤會有哪些不好的後果。

忠言逆耳

秦朝末年，劉邦率軍攻佔了咸陽。進入秦朝的皇宮後，他見裏面珍寶無數，美女眾多，便想住下來。

他的部下樊噲說：「現在不是享樂的時候，請您速返軍營。」可劉邦不願意。

謀士張良知道後，對劉邦說：「忠言逆耳，樊噲的話值得深思。秦二世昏庸，百姓才會造反。您替天下百姓除掉暴君，就應該樹立明君的形象。所以您住在暴秦的宮殿享樂，太不合適了。」

劉邦聽從了他們的勸告，關上宮門返回軍中。

後來劉邦一統天下，做了漢朝的開國皇帝。

益者三友，損者三友

子曰：「益者三友，損者三友。友直，友諒①，友多聞，益矣；友便辟②，友善柔③，友便佞④，損矣。」

字詞注釋

❶ 諒：誠實。❷ 便辟：習慣裝模作樣，不真誠。❸ 善柔：善於諂媚奉承。❹ 便佞：善於花言巧語。

原文大意

孔子說：「對自己有益的朋友有三種，有害的朋友也有三種。結交正直的人、誠信的人、見聞廣博的人，這是有益的；結交虛偽的人、善於阿諛奉承的人、花言巧語的人，這是有害的。」

親子講讀

生活中，大家會和各種各樣的人打交道。與品德高尚的人交朋友，我們會受到好的影響，獲益無窮；相反，與品德低下的人交朋友，自己也會潛移默化地受到影響和損害。

管鮑之交

　　管仲和鮑叔牙是生活在春秋時期的一對好朋友，他們曾一起做生意。管仲家裏窮，出的本金少，鮑叔牙就多出一些幫他填補。

　　賺了錢以後，管仲卻比鮑叔牙拿得多。別人說管仲做得不對。鮑叔牙卻說：「這是因為他家裏窮，急需錢用。」

　　後來，他們一起參軍，管仲總躲在後面。大家都瞧不起他，說他貪生怕死。鮑叔牙替他辯解說：「他是獨生子，如果他死了，就沒人照顧他母親了。」

　　管仲感慨地說：「生我者父母，知我者鮑叔牙啊！」

道不同，不相為謀

子曰：「道①不同，不相為謀②。」

子曰：「羣居終日，言不及義③，好行小慧④，難矣哉！」

字詞注釋

❶ 道：主張、想法。❷ 謀：謀劃。❸ 義：道義。❹ 小慧：小聰明。

原文大意

孔子說：「主張和想法不同，就不要在一起謀劃商議事情。」

孔子說：「整天聚集在一起，談話中從不提到道義，只喜歡耍小聰明，這種人是難有作為的。」

親子講讀

愛耍小聰明、喜歡搞惡作劇的人不受大眾的歡迎，成不了大器。要是有哪個小伙伴故意捉弄你，你肯定會不高興。所以，你平時也不要總想些惡作劇去捉弄別人，那會傷害你們的友誼。

經典故事 嵇康與山濤絕交

嵇康是魏晉時期的名士，和山濤是好朋友。後來山濤做了大官，並向晉王司馬昭推薦嵇康。

沒想到，嵇康知道這個消息後不僅不高興，還很憤怒。他認為司馬昭試圖篡權奪位，是一個大逆不道的人，自己怎麼能去輔佐這樣的人呢？於是，他生氣地給山濤寫了一封絕交書。信中不光拒絕了山濤的舉薦，還指出自己與山濤志向不同，不能再做朋友了。

從此，嵇康便與山濤斷絕了來往。

欲速則不達

子夏為①莒父②宰③，問政。子曰：
「無④欲⑤速，無見小利。欲速，則不
達；見小利，則大事不成。」

字詞注釋

❶ **為**：做，擔任。❷ **莒父**：地名，魯國的一個小城。莒，粵音「舉」。
❸ **宰**：地方官員。❹ **無**：不要。❺ **欲**：想要，希望。

原文大意

子夏做了莒父的地方長官，他向孔子詢問管理政事的方法。孔子說：
「不要急於求成，不要貪圖小利。急於求成，反而達不到目的；貪
圖小利，就辦不成大事。」

親子講讀

做事情不能一味地急於求成，應該一步一步地踏實做好每個環
節。比如畫畫時，要一筆一畫認真畫，如果只是一心想着快點
畫完，繪畫效果肯定會大受影響。

揠苗助長

從前，宋國有個急性子的農夫，他希望自己田裏的秧苗能快點長高，於是天天到田裏去看。可是，一連看了好幾天，秧苗一點也沒見長高。他絞盡腦汁，終於想出了一個幫助秧苗長高的辦法。

農夫來到田裏，把所有的秧苗都拔高了一些。他大清早出門，一直忙到晚上才回家，雖然累得筋疲力盡，但看到「長高」的秧苗心裏很高興。他得意地把這件事告訴了兒子。

第二天一早，他的兒子跑到田裏去查看，發現秧苗全都枯死了。

道聽途說

子曰：「道聽①而途説②，德之棄③也！」

子曰：「巧言④亂德，小不忍⑤則亂大謀。」

字詞注釋

❶ **道聽**：路上聽到傳言、流言。❷ **途説**：四處去傳播。途，道路。
❸ **棄**：唾棄，摒棄。❹ **巧言**：花言巧語。❺ **忍**：忍耐，容忍。

原文大意

孔子説：「在路上聽到傳言就到處傳播，這是有道德的人所唾棄的行為。」

孔子説：「花言巧語會敗壞人的美德，小事情不能容忍就會打亂大的計劃。」

親子講讀

從別人那裏聽來的傳聞，不經過證實就到處傳説，這是極不負責任的，會給自己或者他人帶來傷害，我們都要引以為戒。

經典故事 **道聽途說的毛空**

　　齊國有個愛說空話的人叫毛空。有一次，他告訴朋友艾子：「有只鴨子一次下了一百個蛋。」艾子不相信。

　　毛空又說：「上個月天上掉下一塊三十丈長的肉。」

　　艾子搖搖頭說：「哪有這麼長的肉？」

　　毛空急忙改口說是二十丈長，艾子還是不信。毛空立即又改口說是十丈長。

　　艾子看他如此誇誇其談，實在忍不住了，問：「那隻鴨子是誰家養的？那塊肉掉在哪裏？」

　　毛空支支吾吾道：「我不知道，我是在路上聽說的。」

過而不改，是謂過

子曰：「過①而不改，是謂過矣。」

子曰：「人之過也，各於其黨。觀②過，斯知仁矣。」

字詞注釋

❶ **過**：犯錯。 ❷ **觀**：觀察。

原文大意

孔子說：「有了過錯而不改正，這才是真正的過錯。」

孔子說：「人們所犯的錯誤，都和他們的為人風格有關。觀察人們所犯的錯誤，就可以知道他們是什麼樣的人了。」

親子講讀

當別人指出你的錯誤時，你會怎麼做呢？你應該虛心接受並及時改正錯誤。如果固執地不願聽取別人的合理建議，只會使自己所犯的錯誤越來越大。

經典故事

齊景公戒酒

齊景公非常喜歡喝酒。大臣弦章覺得不妥，勸說道：「請大王以國事為重，趕快戒酒；否則，就請先賜我死吧！」

齊景公不知該怎麼做，於是問大臣晏子：「弦章勸我戒酒，要不然就賜他死。我若聽他的話，以後就失去了喝酒的樂趣；不聽的話，我就會失去一名重要的臣子，該怎麼辦呢？」

晏子說：「弦章遇到您這樣寬厚的國君真是幸運。如果遇到夏桀、商紂王這些只顧享樂的君王，不是早就沒命了嗎？」

齊景公聽了這番勸告，果真戒酒了。

禮之用，和為貴

有子曰：「禮①之用，和②為貴。先王之道，斯③為美，小大由之。」

字詞注釋

❶ 禮：禮儀。❷ 和：調和、協調。❸ 斯：這，指崇尚禮儀。

原文大意

有子說：「禮儀的作用，可貴之處就在於它能協調人際關係。從前賢明的君主治理國家，就是以崇尚禮為美。無論大事小事都從這樣的原則出發。」

親子講讀

乘坐巴士時互相禮讓，秩序就會變得更好；使用玩具時互相禮讓，伙伴們能一起玩得更快樂……與人相處時多多禮讓，我們的生活會更美好、更開心！

經典故事

六尺巷

　　清朝時，安徽桐城的張家要擴建房子，想讓鄰居吳家讓出三尺地，吳家自然不願意。張夫人便寫信給當宰相的夫君張英，讓他解決此事。

　　張英不願家人仗勢欺人，便寫了一首打油詩：「一紙書來只為牆，讓他三尺又何妨？萬里長城今猶在，不見當年秦始皇。」

　　張夫人見信後十分羞愧，主動拆了自家院牆，後退三尺。

　　鄰居見了，也把院牆後退三尺。從此以後，兩家之間便有了一條六尺寬的巷道。

視其所以

子曰：「視其所以①，觀其所由②，察其所安③。人焉廋④哉？人焉廋哉？」

字詞注釋

❶ 所以：所做的事情。❷ 由：動機。❸ 安：心安理得的心境。❹ 廋：隱藏、藏匿。

原文大意

孔子說：「要了解一個人，應該注意觀察他的一言一行，了解他處事的動機，審視那些他認為心安理得的事。這樣一來，這個人的內心怎麼能隱藏得了呢？這個人的內心怎麼能隱藏得了啊！」

親子講讀

認識新朋友，不能因為他長得好看，穿得漂亮就親近他；也不能他外貌普通、衣着簡陋就疏遠他。而應該觀察他的言行，判斷他是怎樣的人，是否值得繼續交往下去。

華而不實

　　有一次，春秋晉國大夫陽處父投宿在一家客棧裏。

　　客棧的店主見陽處父相貌堂堂，看上去很有學問的樣子，心裏非常激動，便悄悄對妻子說：「我早就想投奔一位品德高尚的人，跟他學習。可是多少年來，我隨時留心，都沒找到一個合意的人。今天我看陽處父這個人不錯，我決心跟隨他。」

　　陽處父聽了店主的請求後，高興地答應了。於是店主收拾好行李，告別妻子，跟隨陽處父一起去都城。

　　一路上，陽處父同店主東拉西扯，不知

談些什麼。店主一邊走，一邊耐心地聽着，忍不住對自己的決定產生了懷疑。又過了幾天，他終於改變了注意，堅決和陽處父分手了，然後直奔家而去。

店主的妻子看到丈夫這麼快就回來了，感到很奇怪，就說：「好不容易遇到一個合意的人，你不好好跟着他，回來做什麼？家裏我會打理很好的，你儘管放心。」

店主解釋道：「事情並不是你想的那樣。這幾天來，我和他朝夕相處，一直仔細聽他的言談，留心觀察他的行為。發現他只是空有好看的外表，其實既沒才學，又缺乏修養，是一個華而不實的人。我擔心跟着他不但學不到東西，反而遭受禍害，便回來了。」

居處恭，執事敬

樊遲問仁。子曰：「居處①恭，執②事敬，與人忠。雖之③夷狄，不可棄④也。」

字詞注釋

❶ 居處：在家裏，指平時。 ❷ 執：做。 ❸ 之：去、到。 ❹ 棄：放棄。

原文大意

樊遲想討教什麼是仁愛的品德。孔子説：「平時端莊恭敬，做事嚴肅認真，與人交往忠誠守信。無論在什麼地方，這幾種品德都不能拋棄。」

親子講讀

有的小朋友在學校的時候表現得禮貌謙讓，熱愛勞動，一到家裏便把這些品德丟在一邊，變得霸道無理。這是不對的，無論在家裏還是在學校，小朋友們都應該一個樣。具有良好品德的人，無論在哪裏，做什麼事情，都會堅守自己為人處事的原則。

蘇武牧羊

西漢時，皇帝派大臣蘇武出使匈奴。

蘇武帶着隨行人員到達匈奴以後，送上禮物，順利完成了使命。就在他們準備回國的時候，匈奴內部發生了一場叛亂，蘇武受到牽連，被匈奴人捉了起來。

匈奴的首領單于帶着金銀珠寶來勸蘇武投降。蘇武十分有氣節，堅決不投降，還義正詞嚴地説：「我如果貪圖榮華富貴，背叛朝廷，活着還有什麼臉面見人？」

單于大怒，就把他流放到荒無人煙的北海去放羊，並對他説：「等到這些羊生下了小羊羔，我就把你放回去。」

單于走後，蘇武查看了羊羣，發現牠們都是公羊。公羊怎麼能生出小羊羔呢？

單于只不過是想把他長期拘禁在這個苦寒的地方，讓他嘗嘗不肯投降的苦果罷了。

北海天氣寒冷，蘇武沒有吃的，就挖野菜和野草充飢。他孤身一人，只有代表朝廷的旌節與他作伴。他每天都會手撫旌節，希望有一天能夠帶着它回到故土，再次面見皇帝，一年又一年過去了，旌節上的流蘇也全掉了，蘇武還將它視若珍寶。

直到十九年後，蘇武才回到漢朝的都城長安，當人們看到白鬍鬚、白頭髮的蘇武手裏拿着光禿禿的旌節回來時，都十分感動，稱讚他是個有氣節的大丈夫。

給孩子的國學經典
論語

編　　著：幼獅文化

插　　圖：一超驚人工作室

責任編輯：王一帆

美術設計：張思婷

出　　版：園丁文化

　　　　　香港英皇道499號北角工業大廈18樓

　　　　　電話：(852) 2138 7998

　　　　　傳真：(852) 2597 4003

　　　　　電郵：info@dreamupbooks.com.hk

發　　行：香港聯合書刊物流有限公司

　　　　　香港荃灣德士古道220-248號荃灣工業中心16樓

　　　　　電話：(852) 2150 2100

　　　　　傳真：(852) 2407 3062

　　　　　電郵：info@suplogistics.com.hk

印　　刷：中華商務彩色印刷有限公司

　　　　　香港新界大埔汀麗路36號

版　　次：二〇二三年一月初版

　　　　　二〇二四年六月第二次印刷

ISBN: 978-988-76584-4-3

Traditional Chinese Edition © 2023 Dream Up Books

18/F, North Point Industrial Building, 499 King's Road, Hong Kong

Published in Hong Kong SAR, China

Printed in China